AF496723

INSTRVCTION

POUR ELEVER,

nourrir, dreſſer, inſtruire &
penſer toutes ſortes de petits
Oyſeaux de Voliere, que
l'on tient en Cage pour entendre chanter.

*Avec un petit Traité pour les maladies
des Chiens.*

A PARIS,

Chez CHARLES DE SERCY, dans
la Grand' Salle du Palais, vis-à-vis la
montée de la Cour des Aydes, à
la Bonne Foy couronnée.

M. DC. LXXIV.

Avec Privilege du Roy.

AVX AMATEVRS
des petits Oyſeaux.

LES Sçavans diſent, que quand on veut traiter de quelque matiere, il faut la prendre dés ſon commencement, pour la faire plus facilement connoiſtre dans toutes ſes parties; & que ſi l'on ne ſuit cette maxime, en voulant s'expliquer, on s'embaraſſe ſouvent ſoy-meſme, au lieu de ſe rendre intelligible aux autres. Ce precepte qu'ils nous donnent m'a penſé faire reſoudre, quand la fantaiſie m'a pris de parler des petits Oyſeaux que l'on tient en cage, pour avoir

á ij

PREFACE.

le plaifir d'en entendre la melo-
die, de raconter au long l'ori-
gine & la nature de ces agrea-
bles petits animaux. Mais ayant
confideré d'ailleurs que ce feroit
me donner une peine inutile,
attendu que je n'en dirois pas
davantage que ce que nous en
ont rapporté Ariftote, Pline,
Elian, Albert le Grand, Ifidore
& les autres Autheurs qui ont
écrit de la vie des animaux; &
que ce qu'en ont fabuleufement
imaginé les Poëtes de l'antiqui-
té, outre que c'eft une chofe
éloignée de mon intention &
par laquelle je me rendrois ennuyeux, j'ay crû qu'il eftoit plus
à propos & que je reüffirois
mieux, d'enfeigner familiere-
ment & en peu de mots la maniere qu'il faut tenir pour les
nourrir & les gouverner, le

PREFACE.

moyen d'apprendre leur naturel, de connoiſtre toutes leurs
maladies, comme il faut les ſoi-
gner & les entretenir aprés les
avoir élevez, les remedes dont
il ſe faut ſervir pour les guerir
quand ils ſont malades, qu'elle mangeaille il faut leur donner, en quel temps leurs muances viennent, comme on di-
ſtingue les mâles d'avec les femelles, & les bons d'avec les
méchans; toutes leſquelles choſes ſont à mon ſens plus divertiſ-
ſantes & plus utiles à ceux qui ſe
plaiſent à cette innocente nourriture, que des recherches em-
baraſſantes & des raiſonnemens
Philoſophiques.

TABLE
DES CHAPITRES.

Table des Chapitres.

Table

TRAITE' SUR LES Maladies des Chiens.

CHAP. I. *DE la connoiſſance & de la cure des*

Fin de la Table.

PRIVILEGE DV ROY.

LOUIS par la grace de Dieu Roy de France &
de Navarre : A nos amés & feaux Conseillers,
les Gens tenans nos Cours de Parlement, Mai-
stres des Requestes Ordinaires de nostre Hostel,
Baillifs, Seneschaux, Prevosts, leurs Lieutenans, &
à tous autres nos Officiers & Justiciers qu'il appar-
tiendra, Salut. Nostre amé CHARLES DE SERCY
Libraire à Paris, nous a fait remontrer qu'il luy a
esté mis és mains un Livre intitulé *Instruction pour
nourrir, élever, instruire & penser toutes sortes de
petits Oyseaux*; lequel il desireroit faire imprimer,
s'il nous plaisoit luy accorder sur ce nos Lettres à ce
necessaires, humblement requerant icelles. A CES
CAUSES, desirant favorablement traiter l'Exposant, nous luy avons permis & permettons par ces
presentes, d'imprimer ledit Livre par l'un de nos
Imprimeurs que bon luy semblera, & iceluy vendre & debiter par tout nostre Royaume & Terre de
nostre obeïssance, pendant le temps & espace de dix
années, à commencer du jour qu'il sera achevé
d'estre imprimé pour la premiere fois: Durant lequel temps faisons tres-expresses inhibitions & de-
fenses à toutes personnes de quelque qualité & con-
dition qu'elles soient d'imprimer ou faire imprimer,
vendre ou debiter ledit Livre, sous quelque pretexte
que ce soit, sans le consentement dudit Exposant,
ou de ceux qui auront droit de luy, à peine de deux
mil livres d'amende, payable sans deport pour chacun des contrevenans, applicable un tiers à l'Hô-
pital General, un tiers au dénonciateur, & l'autre
tiers à l'Exposant, confiscation des Exemplaires con-
trefaits, & de tous despens, dommages & interests.
Et outre defendons à tous Marchands Forains, nos
Sujets & Etrangers, d'en apporter vendre ou échan-
ger en nostre Royaume, sur les mesmes peines que
dessus, & confiscation ; à la charge de mettre un

Exemplaire en noftre Bibliotheque publique, un au
Cabinet de noftre Chafteau du Louvre, & un en
celle de noftre tres-cher & feal Chevalier le fieur
Daligre Chancelier de France, avant que de l'expo-
fer en vente, à peine de nullité des prefentes : du
contenu defquelles voulons que vous faifliez jouyr &
ufer ledit Expofant, ou ceux qui auront droit de luy,
& qu'en mettant au commencement ou à la fin dudit Livre un Extrait des prefentes, elles foient te-
nuës pour bien & deuëment fignifiées, & qu'aux
copies collationnées par l'un de nos amez & feaux
Confeillers & Secretaires, foy foit adjouftée comme
au prefent Original. Si mandons au premier Huif-
fier ou Sergent fur ce requis, de faire pour l'execu-
tion des prefentes tous actes & exploits que befoin
fera, fans demander autre permiffion, nonobftant
Clameur de Haro, Chartre Normande, & autres
Lettres à ce contraires. C A R tel eft noftre plaifir.
Donné à Paris le vingt-huitiéme jour de Juin l'an
de Grace mil fix cens foixante-quatorze. Et ne noftre
regne le trente-deuxiéme. Par le Roy en fon Confeil, D A S S I E R.

Regiftré fur le Livre de la Communauté, fuivant
l'Arreft du Parlement du 8. Avril 1653. & celuy du
Confeil du 27. Fevrier 1665.
Signé T H I E R R Y , Sindic.

*Achevé d'imprimer pour la premiere fois, ce 5.
Iuillet 1674.*

INSTRVCTION

POUR ELEVER, NOURRIR, dreſſer, inſtruire & penſer toutes ſortes de petits Oyſeaux de Voliere, que l'on tient en Cage pour entendre chanter.

CHAPITRE PREMIER.

L'ordre du Traité.

LA connoiſſance des Oyſeaux eſtant ſi neceſſaire à ceux qui les aiment, j'ay crû les obliger de leur en donner ce petit Traité, dans lequel ils

pourront apprendre tout ce qui est
necessaire pour l'intelligence de la nature de ces petits animaux : Car quoy
qu'il y en ait d'autres qui ayent traité
cette mesme matiere, il n'y en a pas
un neantmoins qui ait donné dans
mon dessein ; car ils se sont tous con-
tentez d'en donner la theorie : au lieu
que laissant icy tous les preceptes
theoriques à part, je m'attache à la
pratique & à l'experience, qui est plus
certaine & plus asseurée, & à laquelle
je me reduits entierement. L'ordre que
je suis est de parler de chaque espece
l'une apres l'autre, commençant par
celle dont la voix est plus agreable &
l'harmonie plus douce, qui est à mon
advis, aussi-bien qu'au jugement de
tout le monde, le Rossignol. Je ne
m'amuseray point à raconter son ori-
gine, non plus que celle de tous les
autres Oyseaux, parce qu'elle est fa-
buleuse ; & sans m'arrester à ce que les
Poëtes & la lecture des autres Autheurs m'en peuvent avoir appris, je
declareray seulement ce que l'experience & l'usage m'en ont fait connoistre.

CHAPITRE II.

Du Rossignol.

LE Rossignol est un oyseau connu de tout le monde : les Latins l'appelloient Lusinia & Philomela. Son chant est si agreable, que c'est avec justice qu'il l'emporte sur tous les autres oyseaux recreatifs.

Il fait son nid dans le Printemps au mois de May, lorsque la terre est toute couverte de fleurs. Il est tous les matins sur quelques branches des boccages sombres & touffus, dont le soleil perce doucement l'obscurité avec les rayons temperés de sa naissance; & depuis le milieu du jour jusqu'au coucher du soleil, il cherche les lieux frais, comme les fontaines, les ruisseaux, les hayes, les ombres & les buissons.

Les uns font leur nid à mesme terre, sous les hayes, ou sous quelque racine. Les autres les élevent tant soit-

peu de terre, & les font dans quelque
buiſſon vert & obſcur. Le nombre de
leurs œufs n'eſt pas certain, parce qu'il
y en a qui n'en font que quatre, quelques-uns cinq, & les autres, au rapport d'Ariſtote, qui font leur nid dans
l'Eſté, en ont juſques à ſix ou ſept.

Si l'on veut élever un Roſſignol il
faut prendre de ceux qui naiſſent au
Printemps; & plutoſt il ſera venu, &
meilleur il ſera, vivra plus long-
temps, & ſera plus facile à gouverner:
parce qu'en changeant de plume, comme il arrive à tous, certains vents de
bize qui viennent dans le mois d'Aouſt,
le feroient infailliblement mourir,
comme il fait à la pluſpart de ceux qui
écloſent l'Eſté, s'ils n'eſtoient récou-
verts de leurs nouvelles plumes.

Il ne faut point oſter du nid les Roſſignols qu'ils ne ſoient entierement
couverts de plumes pour les élever
plus aiſément; & il faut les tenir,
quand on les en a oſté, dans des lieux
écartez & ſolitaires.

Leur mangeaille ſera de cœur de
mouton, net & froid. On prend la

graiſſe & la peau qui eſt autour du
cœur , avec certains petits nerfs de
dedans , que l'on couppe par petits
morceaux , dont on fait des bequées
qui ſont comme de petits vers , & on
leur en donne trois becquées à la fois
d'heure en heure , ou plus ſouvent s'il
eſt beſoin. Il faut les gouverner de cette maniere dans le nid autant qu'il ſera
poſſible.

Quand ils ſont dévenus grandelets, ,
on les met dans une Cage qui ait de
petits bâtons , par leſquels ils puiſ-
ſentmanger tous ſeul , & ſe gouverner
eux-meſmes.

Il faut mettre de la paille ou du foin
dans la Cage , parce que s'ils ne veulent pas ſe tenir ſur les bâtons ils ſe
repoſeront ſur la paille. Il faut les tenir le plus proprement & le plus nettement qu'il ſera poſſible.

Et quand on voit que le Roſſignol
eſt preſt à s'accoûtumer à manger tout
ſeul , il faut coupper de petits morceaux de cœur de mouton , & les at-
tacher à un endroit où il les puiſſe facilement becqueter. Il faut faire cela

jufques à ce que l'oyfeau s'accoûtume
à manger de luy-mefme, ne délaiffant
pas pour cela de l'abequer quelquefois
dans la journée pour plus grande feu-
reté.

Il faut prendre garde à bien des
chofes pour empécher que le Roffi-
gnol ne meure.

Premierement il faut avoir grand
foin qu'il ne luy manque jamais de
mangeaille de cœur de mouton, comme cy-deffus.

En fecond lieu, que ce qu'on luy
donne à manger ne foit point corrompu ny puant, comme il arrive fouvent
dans l'Efté. C'eft pourquoy on luy
peut donner d'autre mangeaille que
celle de cœur de mouton : Par exemple, de la pâte de laquelle nous parlerons cy-apres.

Ou fi l'on n'a point de cette pâte,
il faut prendre un œuf frais, parce
qu'autrement l'oyfeau déviendroit malade, & peut-eftre mourroit-il : Et
l'ayant fait durcir, on luy en donnera
le jaune, fans y mefler autre chofe.

Quoy qu'il foit bon pour luy don-

ner de l'appetit , de le changer quelquefois de mangeaille , il ne faut pour
cela pas souvent luy donner de ce jaune d'œuf, parce que cela luy causeroit
une dureté de ventre , & une constipa-
tion. On luy peut aussi donner de certains vermisseaux qui se trouvent dans
les Colombiers , & souvent dans la
farine. Mais il faut en user rarement,
& luy en donner plutost comme une
medecine , que comme une nourriture
ordinaire. Et si le Rossignol ne vou-
loit pas becqueter cette sorte de mangeaille , il faut la méler avec du cœur
de mouton, qui luy fera manger tout
ce qu'on luy presentera.

CHAPITRE III.

Pour nourrir les Rossignols que l'on a pris au mois d'Aoust.

QVand on a pris un Rossignol au mois d'Aoust, il faut luy lier les aisles aussi-tost, afin qu'il ne puisse se tourmenter dans la cage, & cela le fera plus facilement accoûtumer à manger plutost. Mais parce qu'il est tres-difficile de l'apprivoiser, reconnoissant qu'il a perdu la liberté qu'il avoit auparavant si agreablement possedée, il faut l'enfermer dans une cage couverte de papier, dans laquelle il n'y ait point de bâtons.

Il faut avoir soin de l'abequer tous les jours cinq ou six fois. Il luy faut mettre de temps en temps des mouches ou des vermisseaux, qui par leurs mouvemens exciteront l'oyseau à les

equeter. C'eſt pourquoy la premiere
ſois il les y faudra mettre tous vifs ;
la ſeconde coupez & écraſez, la troi-
ſiéme fois, on commencera de l'abequer avec du cœur de mouton ; avec
lequel on meſlera de ces mouches &
vermiſſeaux , pour l'accoutûmer à
manger de cette viande : Et ſi vous
appercevez qu'il ne mange que les petits vers, & qu'il laiſſe le cœur , il luy
en faudra toûjours donner juſques à
ce qu'ayant pris du cœur de mouton
& de petits vers, vous luy coupperez
par petits morceaux , & les meſlerez
enſemble , & luy en preſentant vous
l'accoutumerez à en prendre ſans le
meſler avec aucune autre choſe, & à
en manger tout ſeul. Vous pourrez faire la meſme choſe de la pâte , ſi vous
voyez qu'il en prenne plus librement.

CHAPITRE IV.

Pour élever des Roſſignols pris au mois de Mars.

LEs Roſſignols qui ont eſté pris depuis le mois de Mars juſques au milieu du mois d'Avril, ſont à nourrir & élever ; Ainſi quand vous aurez un Roſſignol de ce temps-là vous le mettrez dans une cage couverte de papier, afin que ne voyant perſonne, il ne ſe tourmente & ne s'effarouche point, & s'accoûtume à manger tout ſeul ; & pour cela faire, il faut prendre un carreau de verre, ſur lequel mettant ſept ou huit petit vermiſſeaux il les faudra preſenter, lequel les voyant remuer dedans & dehors par la tranſparance du verre ne manquera pas de s'efforcer à les becqueter : la premiere fois il faut les y mettre vifs ; la ſeconde coupez & écraſez, & quand vous verrez qu'il en mangera, vous prendrez du cœur de mouton bien battu & bien haché, & le mêlant avec les mémes vermiſſeaux comme une pâte vous luy en donnerez à manger.

Si vous vous apparcevez que le Roſ-ſignol ne mange rien que le vers & qu'il laiſſe le cœur, vous ferez enſorte en mêlant le cœur & les vers qu'il ne puiſſe manger l'un ſans l'autre. Quand il ſe ſera accoûtumé à manger de cette mixtion vous ceſſerez petit à petit d'y mettre des vers, & vous luy donnerez à la fin du cœur de mouton tout ſeul.

Il ne faut pas vous étonner ſi vous voyez voſtre Roſſignol quelques jours ſans manger: car il y en a qui apres la perte de leur liberté, ſont trois, quatre cinq ou ſix jours ſans manger: il y en a méme qui ſont juſques à huit ou dix jours. Deſorte qu'il ne faut pas s'éton-ner s'il ne mangent pas, & ne pas de-laiſſer de l'abecquer tous les jours ſans vous rebuter; car il s'en trouve de vieux, qui quoyque tres-difficiles à faire manger, reüſſiſſent ſouvent mieux que les jeunes.

Si voſtre Oyſeau ne prennoit que des
vers vous l'abecquerez quatre fois [le]
jour, luy donnant ſeulement deux ou
trois becquées à la fois & pas davantage, pour luy faire mieux digerer, &
apres l'avoir accoûtumé à prendre le
cœur de mouton avec les vers vous ne
l'abecquerez plus que deux fois, c'eſt
à dire, une le matin & l'autre le ſoir.

CHAPITRE V.

Pour connoiſtre ſi le Roſſignol mange tout ſeul & s'il de-viendra bon.

QUand le Roſſignol commence à
chanter, c'eſt une marque qu'il
mange tout ſeul. Il y a des Roſſignols
qui ſont huit jours, d'autres quinze &
quelques-uns un mois entier ſans chanter : Mais ceux qui paſſent ce terme
ſans rien dire ſont femelles, ou ne vau-

...ont jamais rien. La perfection est
...ns ceux qui chantent avant que d'étre
...coûtumez à manger tous seuls.

CHAPITRE VI.

Comment il faut gouverner le Rossignol quand il chante & qu'il mange tout seul.

APres que le Rossignol aura chanté & mangé tout seul, on ostera
peu à peu & de jour à autre le papier
qui couvroit la cage ; desorte que l'Oyseau ne s'en apperçoive pas, couvrant
de belle verdure l'endroit duquel on
ostera le papier, jusqu'à ce que l'ayant
entierement levé & recouvert la cage
de feüilles, on l'accoûtume doucement
à voir le Ciel : car si on le découvre
autrement avec trop de precipitation,
ou par dépit, ou par crainte, il cessera
de chanter : ce qu'il ne fera pas si on
le gouverne de la maniere cy-dessus.

Quoyqu'Elian dans le troiſiême livre
de ſon Hiſtoire naturelle , nous racon-
te ſur la foy d'Ariſtote que les Oyſeaux
qui n'ont pas eſté pris de jeuneſſe dans
le nid ne s'accoûtumét point à chanter.
Les exemples nous font voir tous les
jours que cette opinion eſt tres-fauſſe ;
car il ſe voit tres-ſouvent qu'un Roſſignol qui a eſté pris vieil devient meilleur & chante plus agreablement que
les autres , que l'on a pris de jeuneſſe ,
& que l'on a tiré du nid.

CHAPITRE VII.

Pour diſtinguer les Roſſignols mâle d'avec les femelles.

LEs opinions ſont fort différentes
ſur la connoiſſance du ſexe des
Roſſignols , parcequ'il y en a qui diſ-
tinguent le mâle d'avec la femelle par
la groſſeur , & prennent le plus gros
pour le mâle : les autres diſent que le

mâle à l'œil plus grand, quelques-uns
ſent qu'il a la queüe rouge. Toutes
leſquelles opinions j'ay reconnu eſtre
tres-fauſſes, ayant une infinité de fois
veu de tres-parfaits Roſſignols de tres-
petite taille: Et au contraire des femelles avec toutes les qualitez qu'ils donnent au mâle. Deſorte qu'il faut tenir
pour le ſigne le plus certain que quand
un Roſſignol qui a eſté pris commencera à manger tout ſeul, s'il chante agreablement un ramage de ſuite, c'eſt un
mâle : On peut à cette marque en ad-
jouſter d'autres, comme par exemple
s'il s'arreſte dans la cage, s'il ſe perche
ſur un pied tout ſeul. Toutes leſquelles
choſes ne ſe trouvent pas dans la femelle; parce qu'outre qu'elle va ſautant
& toute effarouchée dans la cage, elle
n'a jamais qu'un ramage court & interrompu. Je ne dis pas que quelquefois
les ſignes que quelques-uns donnent
pour diſtinguer les mâles d'avec les femelles ne ſe trouvent veritables; mais
je dis que pour l'ordinaire on s'y trom-
pe, & que celuy du ramage eſt le plus
evident, & il eſt certain & l'unique

pour les Rossignols qui se prennent au
mois d'Aoust, parce que ceux que l'on
prend au mois de Mars ne se connois-
sent pas seulement par le chant, mais
aussi par les parties inferieures du sexe
que les mâles jettent en dehors & les
femelles au contraire; parce que c'est
dans ce temps-là que les Oyseaux font
l'amour, & s'accouplent ensemble.
Ainsi vous tiendrez ces deux choses
pour des marques asseurées & des preu-
ves infaillibles.

CHAPITRE VIII.

Du Roitelet.

LE Roitelet est tres-petit & d'une
complexion fort délicate. Il chante tres-agreablement & approche fort
du Rossignol. L'Hyver on le voit assez
souvent sur les toits des maisons, ou
dans les troux de quelques vieilles ma-
zures où le Soleil donne, & où le vent
l'incommode le moins. Il s'éleve de
cette

tte maniere.

On le tient bien chaudement dans le
nid, & on luy donne pour mangaille du
cœur de mouton ou de veau haché fort
menu, de la méme maniere qu'il a esté
dit pour le Rossignol ; il faut luy donner souvent & peu à chaque fois, afin
qu'il puisse digerer plus aisement. On
a grand soin qu'il n'endure point de
froid, & sur tout la nuit : Et pour cet
effet on le met dans une cage qui ayt un
petit retranchement fourré de drap rouge avec une petite entrée par laquelle
il puisse entrer pour se retirer la nuit &
se deffendre ainsi du froid toute l'année
quand il sera accoûtumé à manger, vous
le nourrirez de cœur de mouton bien
haché, & quelquefois vous luy donnerez la même pâte que celle que l'on
donne aux Rossignols. Il sera bon de
luy presenter quelques mouches afin
qu'il se divertisse à l'abecqueter, &
qu'ainsi il s'aprivoise petit à petit.

B

CHAPITRE IX.

Du Chardonneret.

LE Chardonneret eſt le plus beau de tous les Oyſeaux n'eſtant pas moins agreable aux yeux que charmans aux oreilles , la grande quantité qu'il y en a eſt cauſe que l'on n'en fait pas tant d'eſtime que l'on devroit. Il fait ſon nid dans trois temps de l'année , c'eſt à dire au mois de May , au mois de Juin, & dans celuy d'Aouſt.

Il y en a qui croyent que ceux qui naiſſent au mois d'Aouſt ſont les meilleurs, & parmy ceux là ceux qui ont les ailes de trois couleurs & ſont excellents; d'autres aiment mieux ceux qui naiſſent dans les épines & qui ont la couleur orangée. Je demeure d'accord que les uns & les autres ont raiſon ; mais je ſoutiens que tous ceux qui ont du noir ſont également bons. Et il eſt vray que ceux qui naiſſent dans les épines ſont

plus robuftes, plus gays & plus pro-
pres à bien chanter. Ils font differents
des autres en ce qu'ils ont les plumes
tant foit peu plus obfcures.

Les màles ont la gorge noire avec les
épaules & la tefte pareillement noire,
platte & longue, les femelles ont les
ailes brunes la gorge blanche & la tefte
ronde.

CHAPITRE X.

Comment il faut nourrir le Char-
donneret.

Uand vous aurez un Chardonneret dans le nid vous le nourrirez de la forte : Vous mettrez tremper
dans l'eau des amandes douces, puis
vous prendrez du gafteau fucré, maca-
ron ou bifcuit bien mâché, & ayant
fait une pafte de ces deux chofes, vous
enabecquerez l'Oyfeau. Vous pouvez
auffi piler la même mixtion dans un

mortier, & l'ayant détrempée vous la
donnerez à manger à l'Oyſeau au bout
d'une plume de poule.

Il faut tous les jours renouveller de
paſte, parcequ'elle aigriroit, & feroit
corrompüe de jour à autre. Apres luy
avoir donné à manger vous luy donnerez auſſi à boire, au bout d'un petit bâton avec la pointe duquel trempée en
l'eau vous luy laverez le becq, en ſorte
qu'il n'y reſte point de pâte, qui ſe ſe-
chant luy empécheroit de le pouvoir
ouvrir & le feroit apoſthemer.

Quand voſtre Oyſeau commencera
à manger tout ſeul, pour lors vous luy
donnerez de la graine de chanvre à demy pilée, le mettant dans ſa petite
mangeoire, & le châgeant tous les jours
car quand elle eſt viellie & qu'elle devient jaune, ce luy eſt un poiſon.

Il faut obſerver la même regle pour
élever les Pinçons, les Serins, les
Meſanges, & les Tarins, & avoir
ſoin de les arrouſer avec un peu de
vin dans leurs muances, & les mettre deux fois la ſemaine un peu au Soleil.

CHAPITRE XI.

Pour nourrir les Pinçons.

LE Pinçon eſt un fort bel Oyſeau, & tres-armonieux. Tous les Pinçons ne chantent pas de la même façon ; car les uns ont un ramage, & les autres un autre different : Et ils en ont de tant de maniere, qu'il eſt impoſſible de les faire tous remarquer.

Il s'éleve de même façon que le Chardonneret : Il a ce deffaut en luy qu'il eſt fort ſujet à devenir aveugle ; c'eſt pourquoy quand vous vous appercevrez qu'il aura mal aux yeux, vous prendrez du jus de porée que vous mêlerez avec un peu d'eau, & vous luy mettrez dans ſon abreuvoir ſeulement un jour afin qu'il en boive.

Vous pourrez luy donner auſſi un petit bâton de figuier ſur lequel il ſe puiſſe percher,& frotter les yeux de temps en temps : ce qui luy ſera excellent.

B iij

Apres cela vous luy donnerez pendant l'eſpace de deux ou trois jours de
la graine de melon à manger, parce
que cette graine eſt tres-rafraichiſſante
& fort ſaine ; & ſi pour tous ces ſoins
voſtre Pinçon ne guerit, & ne devient
pas meilleur, vous luy devez donner volée, parce qu'il ne vaudra jamais
rien.

CHAPITRE XII.

Pour gouverner toutes ſortes d'Oyſeaux.

QUand le Chardonneret muë,
vous luy jetterez deſſus fort doucement un peu de vin, qui luy donnera de la force, & le fera muer pluſtoſt:
Le méme remede eſt encore fort bon
quand il aura des pouds auſquels il eſt
fort ſujet, & dont il eſt grandement
incommodé ; l'ayant ainſi moüillé vous
le mettrez au Soleil, & l'y laiſſerez

jusques à ce qu'il soit presque seché.

Il y en a qui muent au mois de Juin, d'autres dans le mois de Juillet, & quelques-uns dans le mois d'Aoust, selon la chaleur & la complexion de laquelle ils sont.

Les Oyseaux qui muent de la sorte sont ceux qui ont un an : Pour ceux que l'on prend du nid muent la premiere année un mois apres qu'ils sont éclos

Et cela est dit pour tous les Oyseaux en general ; mais pour descendre au particulier, le Rossignol est sujet à devenir trop gras & en estre malade ; c'est pourquoy il faut le purger au moins deux fois l'année, luy donnant deux ou trois vers de coulombier, ou de farine, dont nous avons déja parlé ailleurs, pendant l'espace de quinze jours.

S'il est triste & mélancholique, vous luy couperez la queuë & luy mettrez dans son abreuvoir gros comme une noix de succre candy, ou commun à vôtre choix.

Si vous le voyez malade vous luy mettrez pareillement dans son abreuvoir quatre ou cinq filets de

ne laiſſant pour cela de luy donner de
ſa paſte & de temps en temps du cœur
de mouton accommodé de la maniere
cy-deſſus déclarée, & ſi nonobſtant les
remedes & le bon traitement, vous apparcevez qu'il empire vous luy donnerez du jaune d'œuf tout ſeul ; & ſi vous
voulez vous luy ferez auſſi manger un
peu de blanc.

Outre cela le Roſſignol apres avoir
eſté deux ou trois année en cage eſt fort
ſujet à avoir la goutte , pour la gue-
riſon de laquelle ſitoſt que vous verrez
qu'il en ſera attaqué vous luy graiſſerez
les pattes & les jambes de beurre frais
ou de graiſſe de poulle, qui y eſt encore
meilleure.

Le Roſſignol eſt auſſi fort ſujet à
avoir de la chaſſie autour des yeux &
des ordures autour du bec qui l'incom-
modent pour les faire en aller , il le
faut pareillement frotter de beurre &
de graiſſe de poulle qui le netoye & le
guerit entierement.

Il eſt auſſi quelquefois incommodé
d'eſtre trop maigre; Quand cela arrive,
il luy faut donner des ſignes fraiſches ,

s'il y

s'Il y en a dans la saison , & s'il n'y en
a point , il faut en prendre de seches &
les bien macher avant que de les luy
presenter , apres quoy on le remet à
la pâte ordinaire. C'est de cette sorte
qu'il le faut entretenir.

Il arrive encore une autre maladie
au Rossignol , qui est l'oppression d'estomach pour avoir mangé quelque
chose de corrompu , ou de trop gras ;
ce qui se connoist à sa tristesse , & à un
battement extraordinaire , qui le fait
palpiter, & ouvrir & fermer souvent le
becq.

Il souffre la méme incommodité , &
donne les mêmes marques quand il luy
reste dans la gorge quelque fil & du
nerf mal haché du cœur de mouton
qu'il a mangé : c'est pourquoy il faut
droitement luy ouvrir le becq & luy
tirer avec une épingle ce qui luy tient
à la gorge : vous luy donnerez apres
cela un peu de sucre candy , qui sera un
remede excellenr pour le rétablir.

Tous les Oyseaux qui mangent du
cœur de mouton sont sujets à cette maladie, & se guerissent de la même façon.

C

CHAPITRE XIII.

Du Serin de Canarie, pour le connoistre d'avec les communs. Ses maladies.

LE Serin de Canarie, est un Oyseau qui vient des Isles qui portent ce nom, duquel nous faisons beaucoup d'estime ; parce qu'il est étranger & qu'il chante admirablement bien. On connoist le Serin de Canarie d'avec les autres en ce qu'il est plus armonieux & que son ramage a plus de suite & dure plus long temps que celuy du commun. Il a outre cela la taille beaucoup plus petite & la queuë plus grande. C'est pourquoy ceux qui sont les plus petits sont aussi les meilleurs : au contraire ceux qui sont gros, & que de temps en temps tournent la teste en arriere dans la cage sont les plus méchans.

Le naturel du Serin de Canarie eſt
de ne le pas trop engraiſſer , & d'eſtre
neanmoins toûjours bien en chair.

Il eſt aſſez ſujet à certaines galles jaunes , qui luy viennent ſur la teſte. Il
les faut graiſſer trois ou quatre fois avec
du beure ou de la graiſſe de poulle, & le
laiſſer deux ou trois jours. Apres quoy
on couppe leſdites galles ; c'eſt à dire,
on les ouvre & on en arrache une certaine dureté qui reſſemble à du jaune
d'œuf dur : Cela fait , on graiſſe comme il faut leſdites galles avec la même
graiſſe , & on recommence le même
remede ſi les galles reviennent.

Le Serin de Canarie eſt encore fort
ſujet à eſtre malade de melancholie ;
c'eſt pourquoy il faut alors luy couper
la queuë & luy bien preſſer : apres quoy
on luy donne à manger un peu d'herbes
comme des laituës , des bettes,
& autres ſemblables.

Si pour ces remedes-là voſtre Serin
ne ſe porte pas mieux,vous le rafraichi-
rez,en luy donnant un peu à manger de
graines de melon : vous luy mettrez un
peu de ſucre candy dans ſon abreuvoir,

deux fois en une femaine.

Quand même il ne feroit point malade , il fera bon de luy en donner deux
fois le mois.

Quand le Serin de Canarie mue ,
il faut luy donner à manger de la graine de melon, & le moüiller avec un
peu de bon vin (comme nous avons
dit qu'il failloit faire aux autres Oyfeaux) deux ou trois fois la femaine :
ce qui le fera muer fort promptement.

Il faut auffi faire la même chofe
quand il aura des poux pour le nettoyer
& faire mourir cette vermine qui le
mange.

CHAPITRE XIV.

De la Linotte. Ses maladies.

LA Linotte, eft un Oyfeau fort armonieux, particulierement quand
il a efté pris dans le nid.

Il eft par fois tres-melancholique , il
fe met dans les boccages de mirthe,

de buys, de genêvre & de laurier : il fait son nid de racines delicates, ausquelles il mêle certaine autre chose qui semble de plume, il fait des petits trois fois l'année.

Il est sujet à venir en langueur; on connoist qu'il y tombe, quand on voit qu'il est melancolique & herissé, & qu'il a le jabot plus gros que de coûtume, qu'il y paroist des veines rouges qui proviennent la maigreur de son estomach, & quand il jette le cheneveu en le becquetant. Cette maladie luy est causée par le cheneveu, parce qu'il est trop chaud. C'est pour quoy il vaudroit mieux luy donner du millet aulieu de cheneveu.

Il se faudra servir des remedes suivant quand il sera attaqué de cette maladie ; c'est à dire, qu'il luy faudra couper la queuë & luy mettre du succre candy, ou les autres que vous voudrez dans l'eau qu'il boit. Apres cela il faudra luy donner à manger des laituës & de la poirée, & quelquefois de la mercurialle.

S'il avoit coûtume de manger du cheneveu, il faut pour le rafraichir luy donner du millet, ou de la graine de melon bien battuë, trois jours de suite; mais sa mangeaille ordinaire doit estre celle des herbes : outre cela vous mettrez dans la cage un peu de terre, telle qu'il vous plaira. Il seroit pourtant mieux que ce fust du gravier de masure bien pilé, lequel mangeant il se gueriroit.

Il est encore sujet à une autre maladie, que nous appellons suffocation ou evanoüissement. De sorte que quand il est appesanty à cette extremité, il faut luy donner à manger de la graine de melon ; & vous détremperez dans son abreuvoir un peu de sucre candy, ou un morceau de reglisse, afin que l'eau prenne cette saveur douce & agreable. Et cela se doit faire pendant l'espace de cinq jour alternatifs ; c'est à dire, de deux jours l'un.

Le jour qu'il ne boit que de l'eau toute simple vous aurez soin de luy donner une feüille de bette à manger, ou de quelqu'autre herbe.

Ce remede n'est pas moins bon pour luy faire revenir la voix, quand il est enroüé; & ce remede est d'autant plus

utile qu'il y en à tres-peu qui échapent
sans estre attaquées de cette langueur.
Il faudra faire la même chose à tous les
autres Oyseaux qui seront sujets aux
maladies, desquelles nous parlerons cy-
apres.

CHAPITRE XV.

Diverses maladies qui arrivent
aux petits Oyseaux de cage
& les remedes qu'il y faut
apporter.

ENtre une infinité d'autres incommoditez les petits Oyseaux sont
fort sujets à avoir mal aux yeux & à devenir aveugles, si l'on n'y pourvoit
promptement ; mais entre autres le
Pinçon.

Pour le guerir avant qu'il ayt entierement perdu la veuë, vous prendrez
des feüilles de bette, & en ayant tiré

le jus, vous le mélerez avec un peu de
sucre, & vous luy donnerez à boire de
cette liqueur de deux jours l'un, l'espace de quatre ou cinq jours alternatifs :
Vous passerez au travers de la cage un
petit baston de figuier auquel se frottant
luy-même l'œil, il se le guerit.

Il faudra user de ce remede quand
vous verrez que les yeux luy pleure-
ront, & que ces plumes se herisseront &
se gonfleront. Quand ils auront de la
galle vous vous servirez des mêmes remedes que celuy qui a esté dit en par-
lant du Serin de Canarie.

Comme il arrive assez souvent que
les Oiseaux se rompent quelque jambe,
j'ay cru qu'il estoit necessaire d'ensei-
gner les moyens de les leur remettre, &
de les guerir. Premierement quand cet
accident leur est arrivé, il faut leur
donner à manger au fond de la cage,
& pour cet effet on leur oste les bâtons
sur lesquels ils se perchoient, afin qu'ils
ne sautent point dessus, pour chercher
à manger, & qu'ainsi ils ne se blessent
davantage. Il faut user du même remede, quand ils se seront aussi rompu la

cuiſſe. Mais il faut ſur tout ſe garder de la lier ny de l'empacqueter en aucune façon ; parce que cela feroit venir quelque inflammation & apoſtheme dans la ligature, ſans laquelle vous guerirez facilement vos Oyſeaux, ſi vous leur donnez à manger dans le fond de la cage, ſans y laiſſer de bâton ſur lequel ils puiſſent ſauter, & vous les mettrez dans un lieu écarté, de peur qu'entendant du bruit ils ne ſe débattent, & ne s'achevent de rompre entierement; & laiſſant ainſi en liberté la jambe ou la cuiſſe qui aura eſté rompuë, la nature la fera reprendre d'elle-même au pluſtoſt.

CHAPITRE XVI.

Comment il se faut servir des Oyseaux pour en prendre d'autres, & pour les faire chanter.

QUoyque tous les Oyseaux, excepté le Pinçon, comme par exemple les Chardonnerets, les Linottes, & les Serins communs chantent pendant l'Hyver, il s'en trouve neanmoins quelques-uns qui cessent de le faire dans le temps de la muë ; c'est pourquoy dés le commancement du mois de May, vous purgerez ceux dont vous voulez vous servir pour prendre d'autres Oyseaux de la sorte : Premierement vous leur donnerez un peu de jus de bettes mélé avec de l'eau claire: le jour suivant vous leur donnerez une feüille de la même herbe , & le troisiéme jour vous

les enfermerez dans la maiſon à même
terre, afin qu'ils en puiſſent becqueter
& manger l'eſpace de dix jours, les re-
tirant peu à peu de jour à autre du grand
air pour les mettre à l'obſcurité ; & les
dix jours paſſez vous recommancerez à
leur donner de la bette, & les mettrez
au dedans en un endroit ſombre & é-
carté. Le ſoir vous les irez voir, & les
gouvernerez à la chandelle, que vous
leur laiſſerez voir deux heures durant,
pendant lequel temps vous leur pourrez nettoyer leur abreuvoir & leur
changer tous les jours le cheneveu ou
la navette, leur donnant des feüilles de
bette tous les quatre jours, & du jus de
la même herbe tous les vingt jours,
particulierement aux Pinçons, qui ſont
fort ſujets à devenir aveugles.

Il faut auſſi tous les vingt jours les
changer de cage, de peur qu'il ne leur
vienne des pouds, & auſſi pour eviter
la puanteur & l'infeɔion qui les feroit
facilement mourir. Il faut les traiter
ainſi juſqu'au dixiéme d'Aouſt : apres
lequel temps vous les repurgerez de
nouveau de la même maniere que nous

venons de dire , leur faisant peu à peu
voir le jour jusqu'au vingt-huitiême du
même mois, & vous aurez soin sur toutes choses de ne les point laisser au Soleil , & les traittant ainsi vous vous en
servirez pour en prendre d'autres dans
le mois de Septembre ou d'Octobre,&
& dans tout le reste du temps.

CHAPITRE XVII.

Du Mesange.

ENtre tous les autres Oyseaux de
cage le Mesange a le naturel fort
gay , chante doucement & meliodieu-
sement , & par dessus tout cela , il est
tres-beau & agreable à voir. Il fait son
nid trois fois l'année : scavoir ; la premiere fois dans la fin du mois d'Avril,
dans les arbrisseaux & dans les hayes
de lierre & de laurier. La seconde fois
au milieu du mois de May , & pour la
troisiéme & derniere fois, ils font leur
petits à la fin du mois de Juin. Cette

regle est observée pour ce qui arrive le plus ordinairement : car quelquefois il y en a qui couvent plutost, & d'autres qui le fond plus tard. Ils ont l'adresse de faire leur nid proprement avec des racines de certaines herbes extréme-ment deliées, & quelquefois avec des feüilles de Roseau, selon la commodité du lieu qu'ils ont choisi pour faire leur petits.

CHAPITRE XVIII.

Pour élever le Mesange.

POUR élever le Mesange, & le nourrir apres l'avoir pris du nid, il faut luy faire manger du cœur de mouton haché bien menu : Il faut en le hachant, en oster la graisse, les nerfs, & tous les petits filets : On luy peut aussi donner au lieu de cœur de mouton de celuy de veau ou de vache, qu'il faut pareillement dégraisser, & en

oster les nerfs , & les filets , & le ha-
cher extrémement menu , afin que
l'Oyseau n'ait pas de peine à le digerer.

Vous l'abecquerez souvent , & luy
donnerez deux ou trois becquées à la
fois seulement, de peur de le faire mourir à force de trop mange.

Quand vous reconnoistrez que vôtre Mesange sera assez fort pour pouvoir manger tout seul , vous mettrez
dans sa cage un peu de ce cœur de mouton , de veau , ou de vache bien haché,
& vous ne laisserez pour cela pas de
l'abecquer de fois à autre dans la journée, pour plus grande assurance. Quand
vous l'aurez accoûtumé à manger tout
seul , vous luy pourrez donner de la
pâte , de laquelle quand il sera advisé
de manger vous luy osterez entierement le cœur de mouton, pour ne luy
donner plus que ladite pâte. Apres cela , si vous voulez qu'il siffle ou qu'il
ramage , vous l'instruirez & le dresse-
rez petit à petit , & vous reconnoistrez
en peu de temps qu'il est tres-propre,
& tres-habile pour l'apprendre.

CHAPITRE XIX.

Pour nourrir les Mesanges pris au filet, ou au trebuchet.

CEux que l'on a pris tous grands au filet, ou au trebuchet déviennent incomparablement meilleurs que les autres. Quand on les a ainsi nouvelle-ment pris, ils ont coûtume de ne chan-ter de dix ou douze jours apres. Les huit premieres journées, il est bon de leur donner à manger des figues fraiſ-ches, ou ſeches ſi on veut, ou ſi l'on eſt pas dans le temps d'en avoir de deſ-ſus l'arbre. Apres leurs avoir donné cette nourriture pendant cet intervalle de temps vous commencerés à leur don-ner à manger de la pâte qui ſe donne aux Roſſignols, & la compoſition de laquelle nous enſeignerons cy. apres. Ceux à qui on fait manger de cette pâ-te, qui leur eſt un aliment merveilleux,

vivent beaucoup plus long-temps, &
se portent mieux que ceux que l'on ne
nourrit que de figues.

CHAPITRE XX.

Du Moyneau.

LE Moyneau que l'on appelle aussi Passereau est d'un naturel fort
melancholique: il se plaist dans les lieux
écartez & solitaires, qui sont conve-
nables à son nom. Aussi le voit-on toûjours dans les antiquailles, & dans les
masures des vieilles Eglises démolies, &
des anciennes maisons deshabitées, loin
de la frequentation & du commerce des
autres Oyseaux. Il est extrémement ja-
loux de ses petits. Il fait son nid dans
des pots de terre, ou dans les trous, &
les niches des vieux bastimens rompus.
Il fait ses petits trois fois l'année: La
premiere dans le mois d'Avril: La seconde sur la fin de May: Et la troisiéme & derniere, dans le mois de Juin.

CHA-

CHAPITRE XXI.

Pour êlever les Moyneaux de jeuneſſe

LES Moineaux que l'on veut élever de jeuneſſe, ne doivent eſtre dénichez que quand ils ſont gros & forts, & tous couverts de plumes ; parce qu'autrement ils ſe caſſent tout le filet des Reins, & ſi par avanture, comme ils ſont déja grandêts, ils ne vouloient pas ouvrir le bec, vous leur ouvrirez vous-même, & les abequerez trois ou quatre fois, & quand vous jugerez qu'ils pourront manger tous ſeuls, vous leur mettrez dans leur mangeoire un peu de cœur de mouton, dont nous avons déja pluſieurs fois parlé, avec lequel vous ne manquerez point de les abecquer juſques à ce qu'ils ſoient accoûtumez à manger tous ſeuls. Quand pour eſtre petits ils ouvrent le bec, on

D

leur donne au bout d'un petit baston de
cœur de mouton une fois par heure,
mais il faut en avoir osté la peau & la
graisse, ou plus souvent, s'il est besoin,
selon que vous les entendrez crier, &
les verrez ouvrir le becq. Il faut mettre dans leur cage un peu de paille ou de
foin,& les entretenir le plus nettement
qu'il sera possible, si vous voulez qu'ils
ne restent pas estropiez, ou qu'ils
meurent en peu de temps, vous les
traiterez ainsi jusques à ce qu'ils muent.
Apres qu'ils sõt assez forts & que vous
les aurez entierement élevez. Vous
leur pouvez mettre de la terre ou du
sable dans leur cage ; mais il est pourtant meilleur, l'Hyver suivant, de les
tenir chaudement dans leur cage avec
du foin. Quand ils mangeront tous
seuls vous leur donnerez du cœur de
mouton haché, & de temps en temps
de la pâte que l'on fait pour les Rossignols. D'autres fois pour les changer
vous leur pourrez donner des jaunes
d'œufs durs & des grains de raisin, &
des sinelles dans la saison.

CHAPITRE XXII.

Du Tourd.

LE Tourd eſt un Oyſeau que tout le monde connoiſt pour eſtre auſſi bon à eſtre mangé que propre à chanter.

Il fait ordinairement ſon nid dans les montagnes couvertes de neige & de glace, ſur des arbres fort élevez, où il le fait avec des brins de bois rompus mélez avec de la terre avec une merveilleuſe adreſſe dans une figure ronde; au milieu duquel rond il a coûtume de laiſſer un trou pour faire êgouter les eaux, deſquelles il ſeroit remply pendant les pluyes, & pour donner de l'air à ſes petits, qui étoufferoient autrement. Il en fait comme tous les autres Oyſeaux, trois fois l'année; c'eſt à dire, d'abord au mois d'Avril, enſuite au mois de May, & finalement dans le mois de Juin.

CHAPITRE XXIII.

Pour nourrir des Tours dans le nid.

IL faut suivre la même regle pour élever les Tours de jeuneße, que celle qui a esté dite pour les Moineaux, & non seulement la même maniere de vivre leur est commune, quand ils sont petits, mais aussi quand ils sont grands. Outre cela il faut sçavoir que le Tour est beaucoup plus delicat & bien plus aymable que n'est le Moyneau, & que le premier a les os sans comparaison plus tendres que le second. De sorte que pour le conserver, il le faut entretenir dans une grande propreté, & le nourrir avec beaucoup de soin : C'est pourquoy si vous voulez élever des Oyseaux de cette espece, il faut les prendre déja grandets, & tout couverts

de plumes; parce que si vous le prenez
ainsi tout grand quand il commence à
muer & à manger tout seul, il reüssira
plus facilement & vous l'éleverez avec
moins de peine. Il faut aussi sçavoir
qu'il y a deux sortes de Tours, & que
ceux qui doivent estre choisis & qui
sont meilleurs pour chanter sont appe-
lez Tours-pierreux, parce qu'ils n'ais-
sent dans les rochers. Ils ont la taille
plus délicate & plus menuë, & leur
plume est plus brune & plus obscure
que celles des autres; lesquels au contraire ne valent rien à chanter; mais
sont plus gras, & ont les plumes plus
blanches & moins couvertes. On les
nomme Tourterelles, & je croy qu'ils
sont meilleurs à estre mangez, que
d'estre écoutez dans leur chant.

❀❀❀❀❀❀❀:❀❀❀❀❀❀❀

CHAPITRE XXIV.

De la Calendre, l'Allöuete, &
l'Oyselette.

IL est aisé de connoistre la nature de la Calandre par ses effets, parce qu'il est tres - difficile de l'apprivoiser, & de la rendre domestique, à moins que de l'avoir élevée de jeunesse. Elle se dépite quelquefois (chose à la verité merveilleuse & presque incroyable) d'estre transportée seulement d'une place à une autre, & le déplaisir qu'elle en prend est si grand, qu'elle cesse de chanter l'espace d'un mois. Et il s'en trouve de si obstinées, qu'elles ne chanteroient jamais qu'on ne les eust rapportées à l'endroit auquel elles avoient accoustumé d'estre.

L'Allöuette, quoy qu'elle soit aussi dépiteuse, ne cesse de chanter pour le mesme sujet, mais moins haut pendant deux ou trois jours.

L'Oyselette fait la mesme chose.

Ces Oyseaux font leur nid à terre dans les prez, & quelquefois dans les chaumes. Ils le bâtissent avec des racines d'herbes seiches. Il font leurs petits trois fois l'année ; la premiere fois au commencement de May ; la seconde, à l'entrée du mois de Juin, & la derniere vers le milieu du mois de Juillet Ils ne font pas neantmoins si reguliers à cela, qu'ils ne changent aussi-bien que tous les autres, ou plus tost, ou au plus tard, selon que se conduisent les saisons & les années.

CHAPITRE XXV.

Pour nourrir les Calandres les allöuettes, & les Oiſelettes.

CEs trois ſortes d'Oyſeaux, pour eſtre d'un meſme naturel, & avoir beaucoup de rapport les uns avec les autres, ſe nourriſſent de la meſme maniere ; c'eſt à dire, que leur mangeaille ordinaire ſera la meſme que celle qui a eſté dite eſtre bonne pour les autres Oyſeaux ; ſçavoir du cœur de mouton haché, ou coupé bien menu. S'ils ne mangent pas tous ſeuls, vous les abcquerez avec bien du ſoin, ſelon la neceſſité qu'il y en aura. Vous prendrez garde de ne les laiſſer trop long-temps dans le nid, de peur qu'ils ne déviennent eſtropiez. Mais au bout de quelques jours vous les mettrez dans une cage, dans laquelle il y

aura

aura du fable, & vous les tiendrez là-
dedans le jour & la nuit. Quand ils
feront accoûtumez à manger tous
feuls, vous leur donnerez du cœur de
mouton, meflé avec de la farine de
froment, ou avec la pâte des Roffi-
gnols ; & vous leur en donnerez jufques à ce qu'ils foient grands & qu'ils
fe tiennent fur les pieds. Apres quoy
vous leur répandrez un peu de farine
de froment fur le fable qui eft dans la
cage ; afin que les Oyfeaux commencent à difcerner d'eux-mefmes la farine d'avec le fable, & qu'ils s'accoûtu-
ment à la becqueter. Il ne faut pour
cela pas, dans de temps-là, laiffer de
les abequer, & leur donner à manger
du cœur de mouton leur nourriture ordinaire : Et quand ces Oyfeaux com-
menceront à muer, vous leur pourrez
donner du cheneveu, du mil, de la
veffe & du fon. Apres cela vous mettrez dans leur cage un morceau de
rompure de muraille, ou une pierre de
ponce, où les Oyfeaux puiffent nettoyer & aiguifer leur bec. Lefquelles
chofes fe percent facilement eftant

E

becquetées par leſdits Oyſeaux , &
afin qu'ils en puiſſent auſſi manger
quelquefois ; parce que cela a couſtume de leur faire beaucoup de bien , &
ſert à les purger.

CHAPITRE XXVI.

Pour faire une pâte que man-
gent les Roſſignols , les
Moineaux , les Meſanges ,
les Tourds , les Merles, &
pluſieurs autres Oyſeaux.

POur faire une pâte pour les ſuſdits
Oyſeaux, vous prendrez de la farine de poix de haricot blanc, & vous
la bluterez fort fine dans un ſas où
l'on a couſtume de faire celle de froment , & vous en mettrez telle quantité qu'il ſera beſoin ; Comme par
exemple : Vous prendrez deux livres

de farine, & une livre d'amandes douces , lesquelles vous pilerez dans un
mortier comme si vous vouliez faire
du masse-pain : Outre cela vous prendrez trois onces de beurre frais , lequel
vous mettrez dans un pot , ou une
tourtiere d'airain étamé , & vous y
meslerez ladite farine & les amandes,
le tout ensemble. Apres avoir fait cela,
vous mettrez le pot ou la tourtiere sur
du feu de charbon , de peur qu'elle ne
sente la fumée : & sur le feu vous
tournerez avec une cueilliere ladite pâte pour la faire cuire doucement. Il
faut encore y mettre deux jaunes
d'œufs, & un peu de saffran, quand
vous verrez que le beurre commencera
à fondre. Outre cela vous répandrez
sur ladite composition du miel liquide , qui s'incorporant avec la pâte la
rendra grenuë : Et pendant tout cela
il faut toûjours tourner avec la cueilliere , de peur que la pâte ne se consu-
me sur le feu. Apres cela vous prendrez un crible ; qui ait les troux de la
grosseur que doit estre le grain que
mange l'Oyseau pour lequel on fait

ladite pâte. Apres que vous aurez bien
paſſé la pâte par un crible, & ayant
fait abondance de grains de la quantité & qualité requiſe pour l'Oyſeau à
qui l'on la veut donner, vous répren-
drez le reſte qui n'a pû paſſer par le
crible, & la faiſant bien recuire vous
retournerez la paſſer dans le meſme
crible, juſques à ce que tout ſoit paſſé.
Pour conſerver cette pâte il faut ré-
pandre deſſus un peu de miel, la remuer & la tourner ſouvent ; & ainſi
elle durera l'eſpace de ſix mois & davantage ſans ſe gaſter.

CHAPITRE XXVII.

*Pour connoiſtre pluſieurs dif-
ferents maux auſquels ſont
ſujets les Oyſeaux.*

IL arrive de pluſieurs ſortes d'infirmitez aux Oyſeaux, la diverſité
deſquelles cauſe auſſi de differents ef-

fets , & leur donne differents fignes & indices ; lefquels, s'ils font cachez, la maladie demeure inconnuë : de forte qu'on ne luy peut apporter aucun remede, ne fçachant quelle elle eft , d'où elle procede , ny ce qui eft bon ou contraire à fa guerifon. Ainfi les fignes exterieurs font des circonftances abfolument neceffaires pour connoître les vices interieurs dans les Oyfeaux aufsi-bien que tous les autres animaux. C'eft pourquoy, pour l'éclairciffement & la commodité de ceux qui defirent connoiftre les maladies de leurs Oyfeaux, j'ay bien voulu recueillir fommairement dans ce Chapitre tout ce que j'en ay dit plus amplement au lieu où j'ay traité de leurs maladies, & de la connoiffance qu'on en peut avoir.

Les Oyfeaux font donc fujets entr'autres maladies à avoir des apoftumes & des galles , qui leur viennent & paroiffent fur la tefte. Elles font jaunes & de la groffeur d'un grain de cheneveu, & quelquefois elles déviennent aufsi groffes qu'un poix chiche.

Tous les Oyseaux sont ordinairement attaquez de cette maladie, &
particulierement ceux qui sont d'un
naturel chaud.

Il y a encore une autre espece de
maladie qui vient aux Oyseaux, que
l'on appelle langueur; parce que l'Oyseau qui en est incommodé a le corps
gros & enflé, la chair toute couverte
de veines rouges. Il a l'estomac extrémement maigre; & outre cela il ne
fait autre chose toute la journée que
manger & jetter son cheneveu.

La goute, outre les precedentes, est
une incommodité tres-fascheuse, de
laquelle sont aussi fort incommodés les
Oyseaux; dautant qu'en cet estat ils
ne peuvent se débattre ny se tenir sur
les pieds, au sujet de la grande dou-
leur qu'ils endurent.

On connoist quand ils ont cette
maladie à leurs jambes & à leurs pieds,
qui déviennent rudes.

Ils sont encore fort sujets à estre
asmatiques, & cela se connoist quand
un Oyseau est enroüé, au point de ne
pouvoir égayer librement sa voix; en

sorte qu'il n'a qu'un chant imparfait & interrompu. Et si par hazard vostre Oyseau ne chantoit point du tout, vous luy pourrez toucher l'estomac ; & vous sentez qu'il palpite avec un mouvement extraordinaire, comme s'il estoit effrayé, alors soyez asseuré qu'il a l'asme. Il arrive assez souvent que les Oyseaux crient, & qu'ils font des gemissemens pitoyables, c'est encore un signe tres-evident qu'ils sont frappez de cette maladie.

Les Oyseaux déviennent tres-facilement aveugles ; Et si d'abord on ne donne du remede au mal de leurs yeux, il est apres impossible de le guerir. Ce mal se connoist à leurs yeux chassieux, & à certaines petites plumes frisées qui leur viennent autour des yeux.

Le mal caduque est tel dans les Oyseaux, que quand ils en font une fois attaquez, difficilement en guerissent-ils jamais. A cela il n'y a point d'autre remede que, s'ils en rechappent une fois, leur rogner les ongles des pieds, & les arrouser souvent avec du vin.

E iiij

Il y en a qui veulent que les Oyseaux soient sujets à une certaine maladie qu'ils appellent la pepie, ce qui n'est pas veritable : Car cette incommodité, que ces gens là nomment la pepie, ne l'est pas en effet ; mais bien un certain mal qui vient dans le bec des Oyseaux, auquel il faut se servir de ce remede.

Vous prendrez premierement de la graine de melon, que vous mettrez tremper dans de l'eau claire, laquelle vous donnerez à boire à l'Oyseau incommodé l'espace de deux ou trois jours : Et quand vous vous appercevrez qu'il y aura un peu d'amendement, vous luy donnerez un peu de sucre candy, trempé pareillement dans de l'eau claire.

Il est fort difficile à connoistre quand un Oyseau a mal au croupion : & pour moy je n'en sçaurois donner une autre marque que de dire, que lors qu'il est incommodé en cette partie, il est melancolique & ne veut point chanter : le remede qu'il y a, c'est de luy couper la moitié de cette pointe

qui y paroiſt ; parce qu'en tout cas
cela ne peut luy faire que du bien.

Tous les Oyſeaux generalement ſont
ſujets à cette maladie ; mais particulierement ceux de cage.

Outre cela les Oyſeaux ont quelquefois le flux de ventre ; ce qui ſe
connoiſt à leur excrement, lequel pour
lors eſt plus liquide que de couſtume, & à leur voir remuer & ſerrer la
queuë. Il faut à cela couper les plumes
de leur queuë, & toutes celles qui ſont
autour de la partie par laquelle ils jettent leur excrement, qu'il faut graiſſer
avec de l'huile : & apres , au lieu de
cheneveu, leur donner de la graine de
melon l'eſpace de deux jours. Et ſi ce
ſont des Oyſeaux qui ne mangent
point de cheneveu , mais que l'on
nourrit de cœur de mouton, ou avec
de la pâte , il ne faut pour cela pas
laiſſer de leur oſter , & leur donner en
la place des jaunes d'œufs durs au feu ,
de la maniere qu'il a eſté dit ailleurs.

CHAPITRE XXVIII.

Quels Oyſeaux déviennent malades , & quelles ſont les infirmitez auſquelles ils ſont ſujets.

LEs vieux Roſſignols en cage ſont ſujets aux goutes & à la palpitation ; auſquelles maladies le Moyneau eſt auſſi fort coûtumier : outre le mal caduque & les vertiges.

La Linotte vient en langueur plus communément que tout autre Oyſeau. Elle a auſſi des galles & des apoſtumes, qui luy viennent de chaleur , & elle eſt ſujette à la goute & à la palpitation.

Le Chardonneret eſt également ſujet aux galles & aux apoſtumes, & à la ſuffocation.

Le Breant au contraire, eſt plus

...ain & de meilleur temperament : Si
...ien que c'eſt grand hazard quand il
...évient incommodé des yeux.

Le Pinçon eſt beaucoup plus ſu-
...et à ce mal des yeux que tous les au-
...res Oyſeaux : Et quand il en a une
...fois eſté attaqué, il ne faut plus faire
...ſtat de luy ; parce qu'encore qu'on
...en gueriſſe, il retombera toûjours
...dans ſa premiere infirmité.

Le Serin commun n'eſt ſujet qu'à
...deux ſortes de maladies, qui luy arri-
...vent quelquefois : dont l'une eſt la
...langueur, encore ne luy vient-elle gue-
...re que de vieilleſſe : Et l'autre la galle,
...que luy cauſe la chaleur que communi-
...que le cheneueu qu'il mange.

Les deux meſmes incommoditez
...ſont fort familieres au Serin de Cana-
...rie, avec cette difference pourtant qu'il
...ne vient pas ſi ſouvent en langueur. Il
...eſt auſſi beaucoup plus ſujet à la ſuffo-
...cation & à l'oppreſſion d'eſtomac; par-
...ce qu'il eſt d'un naturel extrémement
...chaud.

Le Meſange ne craint que les gou-
...tes, mais il en eſt plus incommodé que

pas un autre Oyſeau que ce ſoit.

Le Moyneau eſt ſujet a la galle &
à la melancholie, de laquelle il meurt
aſſez ſouvent.

Quelquefois l'Alloüette dévient
aveugle, & quelquefois elle tombe en
langueur.

La Calandre eſt pareillement ſujette
à dévenir en langueur, à avoir la galle,
à eſtre incommodée des gouttes ; & ce
qui eſt le plus dangereux, à avoir mal
aux yeux.

Le Tarin eſt ſujet à avoir la galle;
mais le mal qui luy eſt plus ordinaire
eſt de dévenir ſi gras qu'il meurt.

Le plus fort & le plus robuſte de
tous les Oyſeaux qui ſe mettent en
cage eſt le Merle, lequel n'eſt ſujet à
aucune maladie qui le puiſſe faire mourir, ſi ce n'eſt la vieilleſſe, qui eſt un
mal univerſel, qui ſans rien épargner
détruit indifferemment toutes les choſes du monde.

Le Tourd ſe trouve quelquefois mal
d'eſtre trop gras. Il eſt auſſi ſujet à la
galle, & à eſtre incommodé de l'extremité du croupion. Ce qui eſt une

maladie commune à toutes sortes
d'Oyseaux de cage.

✺✺✺✺✺✺✺✺✺✺✺✺✺✺✺

CHAPITRE XXIX.

Les purgations des Oyseaux,
quand & combien de fois
l'annee il leur en faut don-
ner.

LE Rossignol, & tous les autres
Oyseaux qui mangent du cœur de
mouton, ou de la pâte, doivent estre
purgez pour le moins une fois le mois,
en leur donnant deux ou trois vers de
Coulombier à la fois. Deux jours apres
vous mettrez dans leur abreuvoir gros
comme une noix de sucre candy : Et
toutes & quantefois que vostre Oyseau sera enrhumé, & qu'il n'aura pas
de voye, mettez autant de reglisse dans
son eau, afin de donner plus de saveur à sa boisson, & de luy éclaircir

parfaitement la voix.

Il faut aussi les purger de la maniere cy - dessus declarée toutes les fois qu'ils sont prests à muer. Il faut bien se donner de garde de laisser la cage sans qu'il y ait dedans de la terre ou du sable.

Il faut les arrouser au moins deux fois la semaine avec du vin, pour faire muer plus promptement, & pour leur conserver plus long-temps la vie. Et quand ils sont ainsi moüillez, les laisser au soleil jusques à ce qu'ils soient presque tout secs.

Il faut leur faire la mesme chose quand ils ont des poux, & leur donner des figues fraiches dans la saison, ou seiches dans les autres temps, qui les tiendront toûjours gays & de belle humeur.

CHAPITRE XXX.

Pour purger les Oyseaux qui qui mangent du cheneveu.

LEs Oyseaux qui mangent du
cheneveu, du millet, ou de la
navette, se purgent avec de la graine
de melon mondée, & toutes sortes de
bonnes herbes rafraichissantes ; comme laituës, chicorée, bette, mercu-
riale, qui est excellente particulierement à la Linotte, & indifferemment
de toutes sortes d'herbes, desquelles il
leur faut donner en tout temps, quoy
qu'ils n'eussent pas mesme besoin d'ê-
tre purgez.

Il faut aussi leur donner de la terre,
ou un morceau de rompure de muraille, qu'ils puissent manger, ou du
moins égruger à leur plaisir & phan-
taisie : Cela leur est fort bon.

Il faut aussi leur donner du sucre,

de la maniere cy-deſſus expliquée. Vous
vous appercevrez aiſément quan
l'Oyſeau ſera preſt à muer ; car vou
trouverez quantité de plumes dans ſa
cage : Alors vous l'arrouſerez avec du
vin , comme il a eſté dit pluſieurs fois.

Les uns muent à la fin de Juillet,
& les autres dans le mois d'Aouſt, qui
plus toſt , qui plus tard.

Ceux que l'on a pris dans le nid,
commencent à muer incontinent apres,
& le temps de leur muë dure un mois.

Il faut les arrouſer avec du vin , au
moins deux fois la ſemaine, pour les
faire muer plus promptement.

CHAPITRE XXXI.

Pour sçauoir combien de temps vivent les Oyseaux.

SI quelqu'un a la curiosité de sça-voir combien de temps durent les Oyseaux, il doit estre adverty (pour commencer par le plus excellent) que le Rossignol vit ordinairement trois ans , va jusques à cinq , & mesme quelquefois jusques à huit : pendant lequel temps il chante. Quand il est arrivé jusques à ce terme , il ne fait plus rien qui vaille , mais va toûjours en declinant. Nonobstant cette regle, il s'en est quelquefois trouvé qui ont vécu jusques à quinze ans , & pendant tout le temps de leur vie ont chanté tellement-quellement. De sorte que pour parler juste , il faut dire qu'ils vi-vent selon qu'ils sont gouvernez , & suivant leur complexion naturelle.

E

Le Meſange, pour eſtre fort ſujet à avoir les gouttes, n'eſt pas de grande durée ; c'eſt à dire, qu'il ne paſſe pas trois ou quatre années.

Les Moyneaux ſe maintiennent juſques à cinq ans en perfection. Il y en a beaucoup qui meurent de langueur, d'autres de la galle, & pluſieurs des gouttes, & la pluſpart dés leur jeuneſſe du mal caduque.

Le Chardonneret paſſe dix, quinze & vingt années, qui plus, qui moins, ſuivant leur complexion ; ſe portent toûjours bien, tous vieux qu'ils ſoient, & chantent juſques au jour de leur mort.

Les Linottes ne vivent pas ſi long-temps, parce qu'elles ſont ſujettes à dévenir en langueur. Il y en a qui durent deux ans, les autres trois, & les plus viables quatre & cinq ans, ſelon qu'elles ſont bien gouvernées.

Les Breants durent les uns cinq ans, les autres huit, par la bonté de leur temperament, qui n'eſt pas ſujet à tant de maladies que les autres Oyſeaux.

Les Pinçons vivent peu , parce qu'ils déviennent aveugles auſſi-toſt. Il y en a qui ne vivent qu'un an , d'autres deux , & quelques-uns quatre. Il en meurt quantité , parce que dans l'Eſté on les laiſſe au Soleil , qui leur penetre & leur brûle le cerveau.

Les Calandres & les Alloüettes ſont à peu prés de là meſme durée : les unes vivent trois ans , les autres cinq ; & le plus ordinaire eſt que la Calandre vit plus longtemps que l'Alloüette ; mais elle s'attriſte étrangement pour eſtre ſeulement changée d'un endroit à l'autre.

Le Serin d'Eſpagne eſt de longue durée ; car il y en a qui vivent dix & quinze ans , d'autres dix , & quelquefois on en voit aller juſques à vingt ans , & ſe maintenir toûjours fort bons.

Le Serin commun vit ſix ans , plus ou moins ; mais on n'en fait pas grande eſtime , dautant qu'il a le chant rude & ennuyeux. Il y en a qui l'aiment , & d'autres à qui il ne plaiſt pas.

T

DE

D

D

TRAITÉ-
SOMMAIRE
DE LA CONNOISSANCE
ET DE LA CURE
DES MALADIES
DES CHIENS.

TRAITÉ-
SOMMAIRE,

DE LA CONNOISSANCE
& de la cure des maladies
des Chiens.

CHAPITRE PREMIER.

L E Chien est un animal qui n'est pas moins necessaire à l'Homme, qu'il est chery de la pluspart des Dames. C'est pourquoy il n'est pas inutil de dire quelque chose pour le garantir de plusieurs maladies ausquelles il est exposé ; entre lesquelles une des plus

fâcheuſes eſt la galle, qui eſt connuë
de tout le monde. Pour la faire en aller quand il en eſt attaqué , vous le
graiſſerez au Soleil , ou proche du feu,
trois jours de ſuite avec un onguent
que vous ferez d'une livre de ſein-
doux , trois onces d'huile commune ,
quatre onces de fleur de ſouffre , du
ſel bien pilé & paſſé , & de la cendre
bien menuë , deux onces de chacun.
Vous ferez bien boüillir le tout dans
un petit pot de terre , & vous mou-
verez toûjours juſques à ce que le ſein-
doux ſoit entierement fondu , afin
d'incorporer enſemble toute la compoſition : Cét onguent ainſi fait , vous
en graiſſerez tout le corps de voſtre
chien , mais plus abondamment ſur
les endtoits où il a de la galle; avec
cela il faut ſouvent luy donner de nou-
velle littiere , & le laver deux fois avec
de la leſcive , & incontinent il ſera
guery.

Mais ſi par hazard le poil luy tom-
boit, encore que cét accident ne luy
puiſſe arriver du medicament cy-deſſus, il ſera bon en ce cas de laver
voſtre

noftre Chien avec de l'eau de febves,
& de le graiffer avec du vieux-oing.
Ce remede tout feul guerit les Chiens
de la galle, leur fait dévenir le poil
beau, & fait mourir leurs puces.

Si la graiffe cy-deffus declarée ne
leur fait pas en aller, il faut en faire
une autre plus forte, & pour cet effet,

Prenez de fort vinaigre deux ver-
rées, fix onces d'huile commune, trois
onces de fleur de fouffre, fix onces de
fuye brûlée, & deux poignées de fel
pilé fort menu.

Vous ferez boüillir tout cela dans
ce vinaigre, & vous graifferez le
Chien comme il a efté dit cy-deffus
dans l'Efté.

Et fi ces deux remedes n'eftoient pas
encore affez forts pour guerir la galle
du Chien, il fera bon d'en faire encore un plus violent, mais il ne s'en
faut point fervir quand il fait froid,
parce qu'il y auroit danger qu'il ne fift
mourir les Chiens.

On prend donc du vif-argent, autant que l'on juge à propos, que l'on
arrefte & amortit dans du vieux-oing,

G

à deux onces de vif-argent il faut dix
onces de graisse, & les mesler jusques
à ce que tout soit incorporé l'un avec
l'autre.

Avec cette composition vous grais-
ferez au Soleil vostre Chien, & vous
le laisserez l'espace d'une heure atta-
ché au Soleil, afin que la graisse penetre mieux : Vous graisserez vostre
Chien de deux jours l'un, deux ou
trois fois seulement ; & apres l'avoir
ainsi graissé, vous le laverez avec du
savon noir deux fois, & il guerira parfaitement de quelque galle qu'il puisse
avoir.

Cette graisse, comme elle est forte,
fait assez souvent tomber le poil des
Chiens ; c'est pourquoy il faut, apres
tous les trois ou quatre jours, les
graisser avec du vieux-oing, qui est
excellent pour leur faire revenir le poil
promptement.

Quand les Chiens ne sont pas tout-
à-fait couverts de galles, & qu'ils
n'en ont qu'un peu par cy par-là, il
ne faut pas tant de façons pour les
guerir. Il ne leur faut que donner à

manger d'un certain pain que vous
leur ferez faire avec de la farine de
froment, la racine, la feüille, le fruit
& les cottons d'une herbe nommée
Aigremoine, bien pilée dans un mortier, pétrie avec ladite farine, & cuite dans le four. Duquel pain, tout
seul, vous ferez manger à vos Chiens
autant qu'ils en voudront, sans leur
en donner d'autre. Et avec quatre ou
cinq pains de cette sorte là vous guerirez vos Chiens & ceux de vos amis.
L'Aigremoine est une herbe qui vient
dans les prez proche des arbres : Elle
a les feüilles couchées à terre, parta-
gées en cinq ou six. Elles sont dé-
couppées tout à l'entour : elle produit
deux ou trois cottons durs & noirâ-
tres, sur lesquels il croist des feüilles
d'espace en espace, auprés desquelles il
y a de certaines fleurs jaunes, & ces
fleurs estant dévenuës en maturité pro-
duisent de certains petits boutons
rond, de la grosseur des pois chiches,
ou approchant, qui s'attachent sur les
habits de ceux qui passent par où il y
en a.

G ij

CHAPITRE II.

De diverses incommoditez ausquelles sont sujets les Chiens ; & premierement de la démangeaison.

LA démangeaison, comme tout le monde sçait, vient dans l'Esté aux oreilles des Chiens ; de sorte que les mouches qui surviennent là dessus, & l'exercice continuel dans lequel ils sont de se gratter avec les pattes, les incommode au dernier point. Pour les en guerir il faut faire d'une poudre, qu'on leur jette sur la partie qui leur démange & qu'ils se grattent.

Pour faire cette poudre il faut prendre quatre onces de gomme adragant, infusée dans de fort vinaigre l'espace de huit jours durant, & puis l'ayant broyée sur le marbre comme les Pein-

res font leurs couleurs , il faut y méler deux onces d'alun de roche , &
autant de noix de galle pulverifée.
Cette poudre eft admirable pour leur
appaifer la démangeaifon.

Les Chiens font fort fujets à avoir
un catharre qui leur fait diftiller des
eaux de la tefte ; ce qui leur fait fouvent enfler la gorge. On y remedie
en graiffant la partie affligée par dehors avec de l'huile de Camomille , &
en les faifant laver avec du vinaigre
qui ne foit pas trop fort , & du fel.

Quelquefois il s'engendre des vers
dans les playes des Chiens qui empé-
chét de les guerir; c'eft pourquoy il les
faut faire mourir avec de la gomme de
lierre , que l'on laiffera deffus un jour
ou deux. Apres on lavera la playe avec
du vin , & enfuite dequoy on la graif-
fera avec du fein-doux , de l'huile de
vers & de la rhuë.

Le jus que l'on tire des calles des
noix vertes , & la poudre de febves
cuites au four , auffi-bien que celle de
concombres fauvages , eft tres-excel-
lente à guerir la mefme incommodité;

parce que non seulement cela fait mourir les vers, mais encore ronge la chair morte & pourrie, & fait profiter & venir la vive & la bonne.

Quand les Chiens ont des vers dans le corps, on les fait mourir en leur faisant prendre de gré ou de force à jeun un jaune d'œuf, dans lequel il y ait de la poudre de saffran fin, ou de la barbotine, que nous appellons Mort-aux vers : on en donne aussi aux petits enfans. Quand ils ont pris cela, il ne leur faut plus rien donner à manger jusques au soir.

CHAPITRE III.

Pour guerir les Chiens mordus par le Renard, ou par un Chien enragé.

QUand un Chien est b'essé, pourveu qu'il se puisse lecher il ne faut point d'autre remede à sa

playe ; car il guerira infailliblement.
Mais quand il ne peut porter la langue fur fa bleffure , fi elle n'eft pas
veneneufe on la fera refoudre avec de
la Materfilva , poudre de feüilles de
Marfaule cuites au four , ou fechées au
foleil : Et s'il a efté mordu d'un Re-
nard il ne faudra que graiffer la mor-
fure avec de l'huile dans laquelle on
aura fait cuire de la rhuë & des vers
tout enfemble.

Mais fi le Chien a efté mordu par
un autre Chien enragé , il faudra , le
plutoft qu'il fera poffible , luy ouvrir
la peau de la tefte entre les deux oreilles avec un fer rouge , depuis un bout
jufques à l'autre. Il faut auffi avec la
main luy tirer la peau de deffus les é-
paules & le long de l'efchine , & luy
ouvrir pareillement avec le fer chaud.

Il eft encore fort bon de luy faire
boire par trois ou quatre fois la deco-
ction , ou manger l'herbe cuite appel-
lée Camedrion , ou Calamandrine.
C'eft une herbe qui vient dans les
lieux pierreux , longue d'un demy pied,
ou quelque peu davantage. Elle a les

fueilles petites , découpées , & de figure semblable à celles du chesne. Elle
fait une petite fleur , & presque pour-
prée.

Cette herbe donc donnée à manger ou cuite ou cruë , avec du sel & de
l'huile , ou pestrie avec du pain , reüssit
merveilleusement pour la guerison des
Chiens mordus par d'autres chiens en-
ragez.

CHAPITRE IV.

Pour rendre l'odorat aux Chiens.

QUelquefois les Chiens , faute
d'exercice pour estre trop gras , .
ou pour quelque autre sorte d'accident perdent l'odorat ; tellement qu'ils
ne sentent plus les voyes comme ils
avoient accoustumé. Pour lors il faut
les purger , en leur donnant deux gros
d'agaric , & un de sel mineral , broyez,
pulverisez & incorporez ensemble ,

vec du miel & de l'eau, dont vous
formerez une pillule de lagroffeur d'u-
ne noix, que vous envelopperez dans
un morceau de beurre ; puis vous la
ferez prendre de gré ou de force à
vos Chiens, jufques à ce qu'ils l'ayent
mangée ; parce que cela leur redonne
un excellent odorat, & cela a efté ex-
perimenté plufieurs fois.

CHAPITRE V.

Pour connoiftre fi les Chiens déviennent mouchetez.

SI quelqu'un defire avoir des Brac-
ques mouchetez , comme en effet
ce font les plus beaux, il doit obferver
cette regle infaillible , que quand les
petits chiots recemment nez , c'eft à
dire, à quinze ou vingt jours & envi-
ron , ont la plante des pieds noire ;
c'eft une marque affeurée qu'ils dé-
viendront mouchetez quand ils feront

grands, & tant plus elles sont noires,
tant plus ils auront de marques.

A ces petits Chiots il sera bon de
couper le bout de la queuë, parce que
cela les empéchera de se la mordre, &
de s'y amuser, & d'estre bien souvent
arrestez par là dans les ronces & les
épines, comme il arrive ordinairement à ceux à qui l'on ne l'a pas
couppée.

Quand les Chiots auront un mois
ou davantage, il sera bon de leur faire coupper aussi un petit nerf qu'ils
ont sous la langue, qui semble d'un
petit ver : Ce qui se fait de cette maniere. Quand le Chien à un mois, ou
approchant, vous luy ouvrirez la
gueule avec la main : Mais s'il est
grand & fort, il faudra luy mettre
un baaillon dedans la gueule : Apres
quoy on luy prend la langue, & avec
un bon cousteau on luy fend la peau
tout au long des deux costez du nerf,
& puis avec la pointe du cousteau on
le leve hardiment ; mais il faut prendre
garde qu'en le tirant il ne se rompe,
car il faut l'oster tout entier. Il y en a

qui pour tirer ce nerf prennent une
aiguille, dans laquelle ils paſſent un
brin de fil retord, & faiſant couler
l'aiguille par deſſous le milieu du nerf
ils la tirent juſques à ce que le fil ſoit
paſſé au milieu ; puis tirant avec la
main ils arrachent le nerf. Mais ſi cela
n'eſt fait avec beaucoup d'adreſſe le
nerf ſe rompt, & il eſt apres preſque
impoſſible de r'avoir ce qui en reſte.
C'eſt pourquoy j'approuve plus la premiere façon de le tirer.

Quand on a tiré ainſi le nerf, que
le vulgaire nomme ver, aux Chiens,
ils en déviennent plus beaux & plus
gras, & ſouvent faute de cette pre-
caution ils demeurent toûjours mai-
gres & ethiques : Et bien davantage,
il y a quelques anciens Autheurs qui
diſent que quand on leur a oſté ce ver
incommode ils ſont exempts de la rage.
Ce que je ne puis pourtant croire eſtre
veritable, principalement quand ils
ſont infeɛtez par d'autres Chiens en-
ragez, qui leur communiquent le mal,
qui eſt pour eux une eſpece de poiſon
tres-contagieux. C'eſt aſſez pour le

present d'avoir dit ce peu de chose des
Oyseaux & des Chiens : me reservant
d'en traiter dans un temps plus com-
mode , & peut-estre de tous les autres
Animaux domestiques en particulier &
en general plus amplement.

FIN.

9 782329 613512